食品科技

撰文/何欣憓　　审订/卢训

中国盲文出版社

怎样使用《新视野学习百科》?

请带着好奇、快乐的心情，
展开一趟丰富、有趣的学习旅程！

1 开始正式进入本书之前，请先戴上神奇的思考帽，从书名想一想，这本书可能会说些什么呢?

2 神奇的思考帽一共有 6 顶，每次戴上一顶，并根据帽子下的指示来动动脑。

3 接下来，进入目录，浏览一下，看看这本书的结构是什么，可以帮助你建立整体的概念。

4 现在，开始正式进行这本书的探索啰！本书共 14 个单元，循序渐进，系统地说明本书主要知识。

5 英语关键词：选取在日常生活中实用的相关英语单词，让你随时可以秀一下，也可以帮助上网找资料。

6 新视野学习单：各式各样的题目设计，帮助加深学习效果。

7 我想知道……：这本书也可以倒过来读呢！你可以从最后这个单元的各种问题，来学习本书的各种知识，让阅读和学习更有变化！

神奇的思考帽

客观地想一想

用直觉想一想

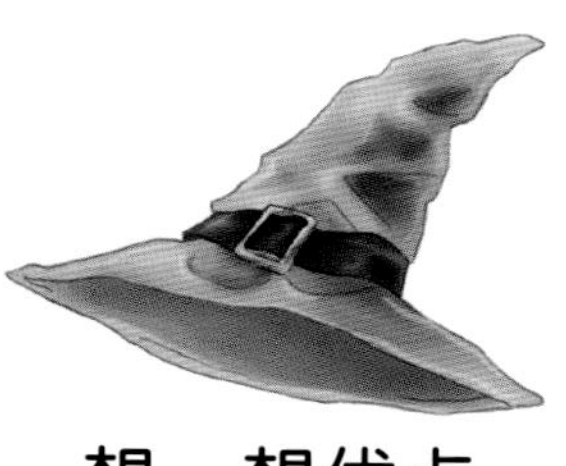
想一想优点

想一想缺点

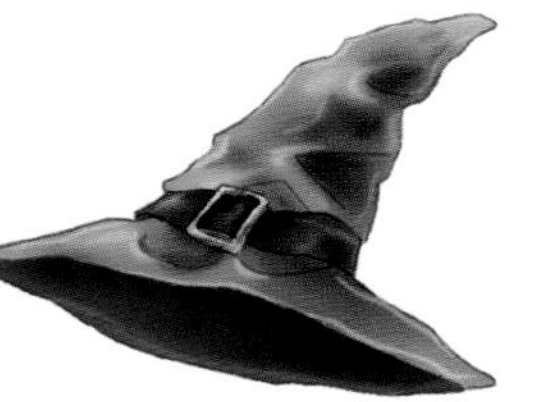
想得越有创意越好

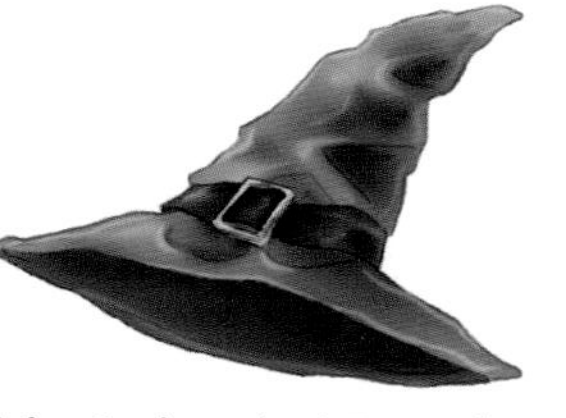
综合起来想一想

我知道哪几种保存食品的方法?

我平常最喜欢吃哪些休闲食品?

食品科技对我们的生活有什么贡献?

食品添加物对我们的健康会有什么影响?

想一想未来世界的食品会是什么样子?

该如何让美食、健康和自然环境三者共存呢?

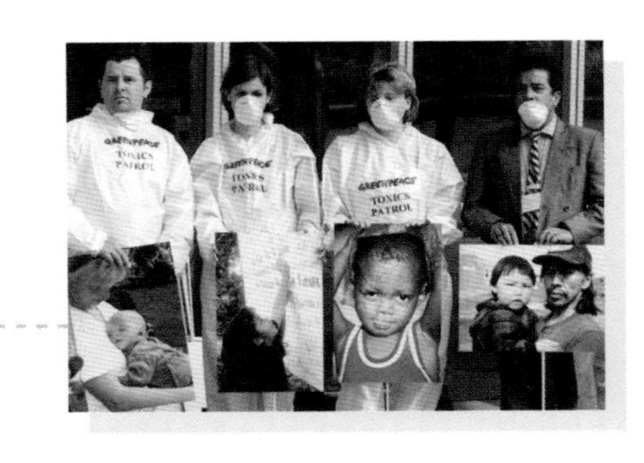

目录

神奇的思考帽

CONTENTS

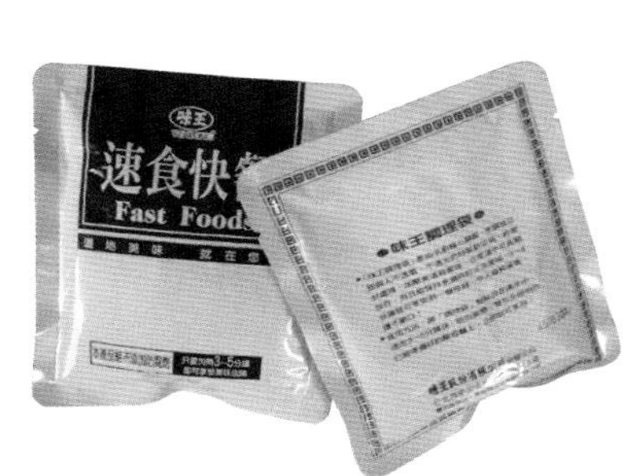

■专栏

单元1

食品加工与生活

（晒萝卜干，图片提供/廖泰基工作室）

我们平日所吃的食品，都是农林渔牧业的产物。有的只经过简单的清洗、切割、分级，就直接贩卖，例如生鲜蔬果；但是大部分食品都还是需要经过工厂适度的加工和包装后，才会销售给我们，例如冷冻食品、微波食品或罐头食品等。

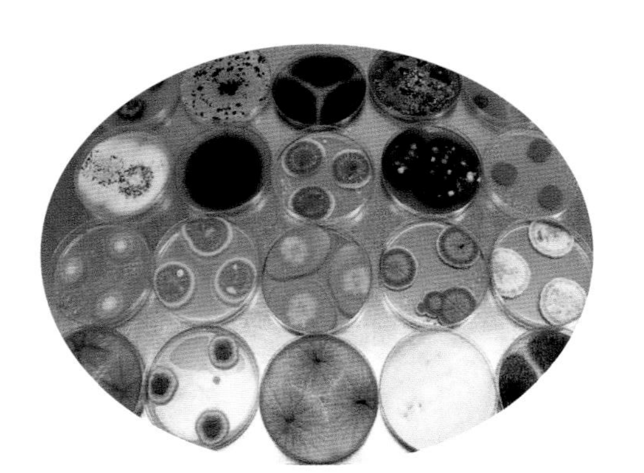

微生物的污染是引起食物腐败的主要原因。图为培养皿中的各种霉菌。（图片提供/维基百科，摄影/Dr. David Midgley Cultures）

食品为何需要加工

试想一下，如果食物不能长期保存，人们是不是要花很多时间去生产、采集食物呢？如此一来，不但浪费时间，而且食物的供应也会受到时间和地区的限制。生鲜食品不能长期保存，主要是因为容易受到霉菌、细菌等微生物的污染而引起腐败，以及食品本身的氧化作用和酶的分解作用而产生变质。因此，食品加工的首要目的就是防止或延缓这些变化，延长食品的保存期限。

食品科技的应用领域很广，例如发酵技术不仅可用来发酵食品，还可制作各种用途的酶、抗生素。（图片提供/达志影像）

左图：自古以来，世界各地的人就懂得利用各种原料和方法制造酒类饮料。图为19世纪中叶，非洲某个村落里的妇女在制造啤酒的景象。（图片提供/达志影像）

食品加工包括哪些

早在渔猎时代，人们就已经懂得用火熏烤、用日晒或风干等方法，来处理鱼、肉。到了农业时代，食物的来源增加，腌渍和熏制食品的种类也更丰富，例如我国南北朝的古书就曾记载许多种腌菜和酱菜。另外，发酵也是一种历史悠久的食品加工方法，可用来酿酒和制作面食、乳酪等。

到了19世纪，随着近代科学的发展，食品加工不但进入工厂作业，而且与物理、化学、微生物学等科学结合，正式进入食品科技的时代。

现代的食品加工有一连串的作业流程，先是将原料分级、清洗，接着进行切割、粉碎、分离或混合等处理，再利用降温、加热、干燥、腌渍、发酵等方法，创造出各种风味并借此延长保存期限；最后再用各式各样的包装加以保护。

食品加工讲究的是卫生与效率，利用自动打蛋机打蛋，可以降低细菌感染的可能，并能自动分离蛋白和蛋黄。（图片提供/达志影像）

现代人的方便面

现代人的生活讲求方便、快速，因此出现了许多速食食品，方便面就是其中之一。最早的方便面是由安藤百福于1958年发明。安藤百福，原名吴百福，出生于台湾，后来迁居日本。二次世界大战后，他看到许多人在街上排队，只为吃一碗热腾腾的拉面，因而发明出在家用热水冲泡就可食用的方便面。

最初，方便面用袋子装着、泡在碗里面。后来为了推广到西方，安藤又于1971年设计出杯面，以解决西方人不习惯用碗的问题。随着食用人口的增加，许多国家也开始研发方便面，种类因而大增，面条从原本的油炸干燥处理，发展出非油炸的热风干燥法，汤头材料也从粉末发展出浓缩汤包。在欧洲甚至还有意大利面的方便面呢！

利用热风干燥法制作出来的泡面面条，比油炸面条少掉不少热量。（摄影/张君豪）

（臭豆腐，摄影/钟惠萍）

单元2

谷类与豆类加工食品

谷物和豆类本是植物的种子，采收后仍具有生命力，条件适合的时候甚至还会发芽。它们是加工食品的最大宗来源，被人类拿来食用的历史也非常悠久，有些加工方法仍沿用至今。

谷类加工食品

刚收成的谷物含有较多水分，为避免腐烂，须先进行干燥处理，再收藏入仓。

法国面包的特色在于外表酥脆、里面松软，所以使用的面粉筋度比较高。图为工厂大量生产的法国面包，工作人员正在称重，淘汰不合格的成品。（图片提供/达志影像）

元宵是将搓成小块的甜馅料浸水沾湿，再倒入糯米粉中滚动过筛；如此反复几次后，糯米粉就会层层裹住馅料，成为具有团圆意味的传统节庆米食。（图片提供/达志影像）

稻米的加工，首先要脱去外壳，成为糙米；糙米再除去米糠、胚芽，就是一般常见的白米了。稻米含有丰富的淀粉，除了直接煮成米饭、做成寿司和饭团外，还可以加工制成萝卜糕、粄条等，甚至制成饮料——米浆。

小麦通常先磨成面粉再加工使用。小麦的胚乳中含有两种特殊的蛋白质，这两种蛋白质和水结合后，会形成富有弹性的面筋。按面筋的比例，可将面粉分成高筋、中筋和低筋。高筋面粉最有弹性和黏性，常用来做面包；中筋面粉适合做包子和水饺皮；低筋面粉则拿来做酥松的饼干和蛋糕。

手工面线利用高筋面粉的特性，反复揉搓使面团弹性发挥到极致，然后小心地拉、甩，将面条拉到如发丝一般细长。（图片提供/廖泰基工作室）

豆类加工食品

按成分的不同，可将豆类分为两类。一类是淀粉和蛋白质多而油脂含量少的，如红豆、绿豆等。这些豆类经过加热后，蛋白质会凝固，并包覆住淀粉，让淀粉维持小小的颗粒状，形成沙沙的口感；再经过捣碎、调味以后，就是糕饼、甜点中常见的豆沙馅了。

另一类是油脂和蛋白质比较多的豆类，如大豆（黄豆）。大豆的加工用途特别多，浸水、磨碎、煮沸后再过滤就是豆浆；若将凝固剂加入豆浆中，可以制成豆腐或豆花；如果加入微生物进行发酵，可以制造出酱油、味噌、豆腐乳或纳豆等食品。

盒装豆腐的作法与一般豆腐不同，是在常温下将凝固剂（葡萄糖酸内酯）加入豆浆中混合，再用充填机注入塑胶盒并封口，再经加热处理以凝固成形。（图片提供/达志影像）

大豆蛋白变素肉

素肉又称人造肉，可以用来制作素火腿、素鸡块等仿肉素食品，是一种特殊且复杂的大豆蛋白制品。

大豆的主要成分是蛋白质、脂肪和糖类，通过复杂的加工程序，将脂肪、糖类及其他杂质去除，再经过干燥处理，可得到大豆蛋白，然后经过高温、高压的挤压加工后，让蛋白质重新排列，形成的组织结构与肉类纤维相似，再经调味之后就可以称为“素肉”。调味后的素肉可以再加工成各种形状，由于经过特别处理，吃了不会产生胀气，是一种值得推广的高蛋白食品。

大豆蛋白可以制成素火腿、素鸡块、素肉排。（摄影/张君豪）

肉类与水产加工食品

（汉堡肉，图片提供/维基百科）

肉类和水产品都含有丰富的蛋白质、脂肪，其中蛋白质受到微生物作用会发出异味，容易腐坏变质，必须尽快以低温储藏或立刻进行加工。

理想的肉品从宰杀、分切包装、运送到贩卖，都应该在低温控制下进行。（摄影/张君豪）

肉类加工食品

肉品加工的第一步，是选择卫生检验合格的健康动物。在屠宰阶段，除了注意卫生条件外，也应该尽可能采用人道的方式进行，尽量减少动物的紧张和痛苦。

动物死亡后，肌肉会变得僵硬，但过了一段时间后，肉里的酶开始进行分解作用，肉会变得柔软、更有味道，这个过程叫作“熟成”；在熟成阶段，以0℃—-2℃的温度冷藏，可使肉品维持最佳状态。

除了低温储藏，人们还常利用干燥、烟熏、腌渍等方式保存肉品，制成香肠、腊肉、火腿、肉干和肉松等。为了延长保存期限，以及强化色泽与口味，加工肉品通常会使用食品添加物，如亚硝酸盐（保色剂）、己二烯酸（防腐剂）等，食用过多会有害健康。

香肠是将肉类绞碎、调味，灌入肠衣中，再经干燥制成。图为正在烟熏室中的香肠。（图片提供/达志影像）

生物体内含有多种酶，会引起复杂的化学变化，例如能将蛋白质分解成氨基酸。以木瓜酶为主的嫩精粉，可使肉质变软。（摄影/钟惠萍）

智利的养殖鲑鱼先在工厂进行去头、去内脏的处理，然后再以超低温急速冷冻，运往世界各国销售。（图片提供/达志影像）

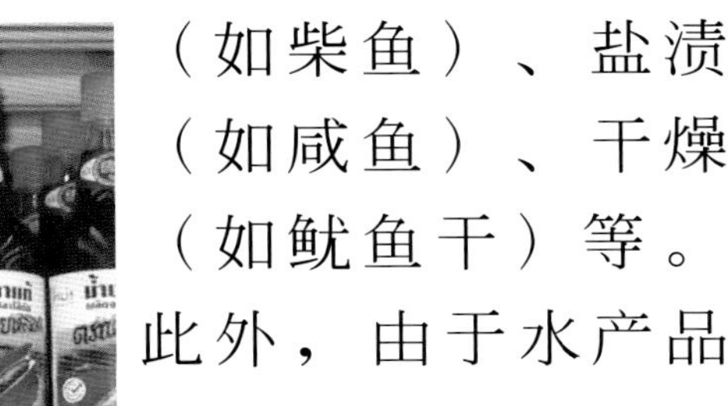

水产加工食品

鱼贝类死亡后，也会出现先僵硬、再逐渐软化的现象。但鱼贝类的腐败速度比肉类快，如果不能马上食用或加工，就必须急速冷冻，让食品中的水分几乎冻结，这样才能保持鲜度。冷冻完成后，放在−18℃以下的低温环境中，可减弱食品内酶的作用，并能抑制微生物的生长繁殖，达到延长保存期限的效果。

水产品的加工方法，也包括熏制（如柴鱼）、盐渍（如咸鱼）、干燥（如鱿鱼干）等。此外，由于水产品的特殊风味，盐渍后，加入酱油、糖、醋等调味料，还可以做成蚝油、虾酱、鱼露和XO酱等调味用食品。

利用水产品制成的酱料，是东南亚常用的调味品。（图片提供/GFDL，摄影/Heinrich Damm）

好吃的鱼浆炼制品

吃火锅时，总是少不了好吃的鱼丸、鱼饺、甜不辣、蟹肉棒等食品，这些都是用鱼浆炼制成的。

鱼浆的做法不难：先将鱼的头、尾、骨头去除，留下鱼肉使用，再用冰水漂洗掉鱼血等杂质，然后脱水、过滤，再加入食盐等调味料反复搅拌、研磨，就会形成黏稠的鱼浆，加热后再急速冷冻，便可长期保存。鱼浆具有可塑性，加入不同的调味料后，可做出各种形状和风味的食品。

鱼丸、甜不辣以及大多数的火锅料都是用鱼浆加工而成的。（摄影/钟惠萍）

单元4

乳类加工食品

（各式各样的奶酪切片，图片提供/GFDL，摄影/Dorina Andress）

乳品富含糖类、蛋白质、脂肪等营养物质。早在史前时代，人们就懂得饮用乳品，后来更发展出发酵乳、奶油、乳酪及各种加工乳品。

牛乳的杀菌作业

乳品的来源以牛乳为主、羊乳次之。刚取得的生乳必须经过均质、杀菌、冷却、包装等严密控制的流程，再测定各种成分的含量、生菌数和沉淀物，直到全部符合规定的标准值后才能出售。加工后的乳品，根据乳脂肪的含量，可分为全脂、低脂、脱脂三种。

乳品营养丰富，容易滋生细菌而腐败，所以杀菌作业特别重要。根据杀菌后所含的生菌数量，又可分为鲜乳和保久乳两种。一般鲜乳采用低温长时间杀菌法（63℃，30分钟）或高温短时间杀菌法（72℃—75℃，15秒），保留的营养成分比较多；保久乳则用超高温瞬间灭菌法（135℃—150℃，1-2秒），虽然会损失一些营养，却可保存较久。

保久乳在经过超高温灭菌处理后，可在常温下保存6个月左右。（摄影/钟惠萍）

集乳车每日到牧场收集生乳，以4℃低温运送到工厂。

用均质机将生乳里的脂肪球打碎，让乳蛋白质均匀分散，以免乳油浮在表面。

以72℃—75℃高温杀菌15秒，再冷却到10℃。

将生乳过滤、净化。

充填、包装后，存放于4℃温度中。

鲜乳必须经过一连串严密控制的流程，才能让我们买来饮用。（插画/吴昭季）

19世纪60年代，法国的巴斯德博士发现，适度加热可以消灭微生物，防止葡萄酒腐坏，这个理论后来被广泛应用到葡萄酒、牛奶及各种饮料食物中，所以低温杀菌法又称为“巴氏灭菌法”。（图片提供/维基百科）

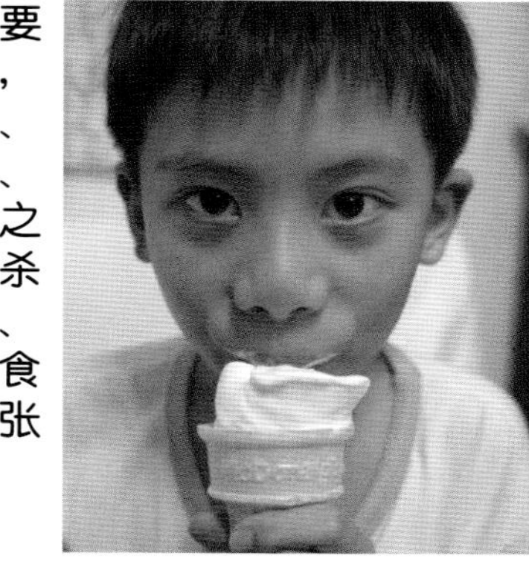

冰淇淋的主要原料是牛乳，再加入奶油、糖、稳定剂、乳化剂、水之后，加热杀菌，经冷却、冰冻即可食用。（摄影/张君豪）

变化丰富的乳制品

乳制品的变化丰富，可以加入其他食品（如巧克力糖浆或可可粉）、色素及香料，制成调味乳；也可以添加维生素（如A、D）或矿物质（如铁、钙），作为人们各成长阶段的营养补充品；将微生物加进牛乳中发酵，可以做成乳酪或发酵乳。

另外，将牛乳中的脂肪分离出来，可以做成奶油，剩下的就是脱脂牛奶。如果将牛乳中大约50%—60%的水分蒸发掉，就会浓缩成炼乳；如果利用喷雾干燥技术将鲜乳中的水分去除，就可以得到粉末状的奶粉。牛乳还可制成冰淇淋、牛奶糖、奶茶、奶精等，乳制品的变化可以说不胜枚举。

香浓的奶酪

干乳酪的英文是cheese，音译成中文就是“奶酪”。它以鲜乳为原料，加入凝乳剂或其他菌种，经过一段时间后，乳蛋白会凝固，形成凝乳块，将凝乳块中的乳清去除后，就可得到乳酪。由于在处理凝乳块时，会再加入不同比例的盐、酸、色素，或是使用不同的菌种发酵，所以成品的风味多样化。目前全世界的乳酪至少有500多种，颜色有黄有白，味道有酸有咸，质地有软有硬，口味从清淡到辛辣都有。

凝乳块形成后，必须加以切割、翻转，让乳清流出、去除过多的水分。（图片提供/达志影像）

有些奶酪做好后，必须浸泡在盐水里熟成，所以吃起来会比较咸。（图片提供/达志影像）

蔬果加工食品

（水果茶）

蔬果容易枯萎或过熟，保鲜不易，再加上产季的限制，以前的人只能将蔬果晒干或腌渍保存，才能在非产季食用。现代加工技术的进步，让人们一年四季都可以品尝冷冻蔬菜、罐头水果或其他蔬果加工食品。

蕃茄经过去皮、打碎后，利用喷雾干燥设备制成粉末，可以加到饮料或食品中当香料。（图片提供/达志影像）

保留蔬果特性

蔬菜和水果具有丰富的维生素、鲜艳的色彩和独特的香气，这些特性很容易因为时间、温度和加工程度的影响而变化，因此蔬果加工的首要工作就是设法保留这些特性。

为了减少维生素流失，清洗蔬果要迅速，通常采用流动水柱直接喷洒、浸泡在水槽中滚动，或利用超声波震荡等方式洗涤。加工前，可用杀菁法（短时间加热）破坏酶，避免蔬果变质；杀菌时，为了保留天然色泽和香气，通常使用高温瞬间灭菌或低温灭菌法；在加工过程中，为了避免变色，一般使用珐琅或不锈钢器具，而不使用铜、铁等会让蔬果变色的容器。

利用高压水流将马铃薯推挤，使其通过由钢刃组成的格子型切割器，即可削出粗细一致的薯条。图为进入包装阶段的冷冻炸薯条。（图片提供/达志影像）

蔬果加工变化多

传统的蔬菜加工多半是先晒干，或是加盐浸渍（如泡菜、萝卜干）；水果中的糖类、果胶和酸性物质的含量比蔬菜多，因此水果加工比蔬菜更有变化，除了晒成果干外，还可用糖、醋、酒浸渍酿造（如水果醋、水果酒）；如果是酸度高且富含果胶的水果（如草莓、

浸泡液可以抑制细菌滋长，水果罐头通常浸泡的是高浓度糖水，蔬菜罐头多半是用盐水或调味液。（图片提供/达志影像）

柑橘），还可拿来熬煮成果酱或做成果冻。

此外，蔬果还可用冷冻干燥或罐装保存。蔬果罐头的处理依序为：挑选、分级、清洗、杀菁、去皮或切段、把材料和浸泡液倒入罐头里，再经过脱气、密封、杀菌、冷却等。冷冻干燥法能保留蔬菜的外观与营养，但冷冻会破坏蔬菜的细胞，影响口感，并非每种蔬菜都适合。

蔬果冷冻后，可以保留比较完整的营养，烹调时间也可以减短，但会影响口感。（图片提供/达志影像）

动手做果冻

咦？这个葡萄柚吃起来怎么不太一样？原来被“偷天换日”了！你也一起来发挥创意，将各种水果改造一番！

材料：葡萄柚（或其他可当容器的水果）、果汁（可自己调配）、果粒（水果切丁或罐头水果）、果冻粉（琼脂或明胶）、水、糖

1.将葡萄柚剖成两半，用汤匙挖出果肉。果皮要完整、不能受损，果肉另外装到容器中。
2.果冻粉加水（重量比为1：50），小火烧开，倒入葡萄柚的果汁、果肉和糖，混合均匀。糖融化即可熄火，避免加热过久，会破坏水果中的维生素。

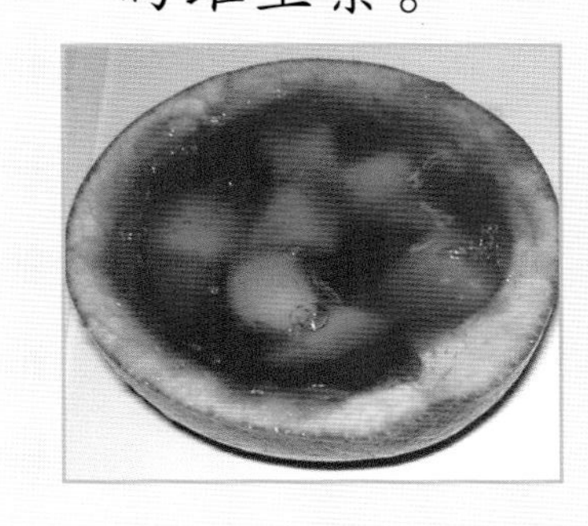

3.将煮好的液体倒入葡萄柚的果皮里，等凝固后，再放到冰箱冷藏。
4.可直接用汤匙挖果冻吃，或把果冻切成小块，做成晶莹剔透的水果果冻。

（制作/钟惠萍）

单元6

微生物发酵食品

（用青霉菌发酵熟成的蓝干酪，图片提供/GFDL，摄影/Dominik Hundhammer）

微生物在食品加工中的应用很广，除了可直接制成食品（如啤酒酵母粉）食用外，还可用来制作面包、乳酪或各种发酵食品。利用酵母菌、霉菌、细菌等微生物体内的酶，让食物中的淀粉或蛋白质产生分解、发酵的食品，通称为发酵食品。发酵食品里，又以调味料和酒精类饮料占最大的比例。

可可豆在采收后必须经过发酵，让豆中的糖分转成酒精、消除苦味物质，直到颜色变成深棕色，并出现巧克力的风味后，才送进工厂加工成可可粉。（图片提供/达志影像）

调味料发酵食品

发酵做成的调味料主要有酱油、醋、味噌、豆瓣酱等。一般常见的酿造酱油的做法是：将蒸熟的大豆与炒热的小麦混合，加入酱油曲菌、浓食盐水进行发酵，最后经过压榨、杀菌等步骤，就可得到酱油。

醋的种类繁多，各有不同的原料（以谷类和水果为主）及制造技术（如酿造、合成）。简单地

辣椒酱是韩国人饮食中不可或缺的调味料，做法是将辣椒磨成粉，加入大豆粉、酵母和调味料，经过低温发酵，再于阳光下曝晒约半年的时间，即可取食。（图片提供/达志影像）

常见的发酵食品与微生物

细　菌	发酵乳、奶酪、纳豆
霉　菌	豆腐乳、柴鱼、甜酒
酵母菌	啤酒、葡萄酒、面包
多种菌种并用	酸菜（细菌、酵母菌） 高粱酒（霉菌、酵母菌） 酱油（霉菌、酵母菌和细菌） 味噌（霉菌、酵母菌和细菌）

说，就是先用酵母菌发酵产生酒精，然后再由醋酸菌氧化酒精产生醋酸，就可以做出酿造醋。

酒精类发酵食品

这类发酵食品可以通称为“酒”，做法是利用酵母菌的发酵作用，把原料中的糖分转化成酒精。世界各民族都有他们独特的酒，以及源远流长的酒文化。有的是酿造酒，如葡萄酒、清酒、啤酒等，酒精含量比较低；有的是蒸馏酒，也就是发酵之后加以蒸馏，如米酒、高粱酒、白兰地、威士忌等，大多是酒精含量较高的“烈酒”。

葡萄的表皮有各种天然酵母菌，即使不另外添加酵母菌，也会自然发酵。图中的葡萄正被破碎机进行破碎除梗的处理。（图片提供/达志影像）

酒的原料五花八门，从谷类、水果到蜂蜜、牛乳、枫糖等都可以制酒；若在酒中添加药草，还可做成药酒。

啤酒的制作主要是在麦汁中加入酵母，使其发酵。在加入酵母8-16个小时后，麦汁的表面会开始出现小气泡（即二氧化碳）。2-3天后，泡沫会多到形成隆起，并逐渐变为黄棕色。（图片提供/达志影像）

茶叶也会发酵吗

采收后的茶叶也可以产生“发酵”现象，但不是由微生物引起的，而是由茶叶本身的酶所催化而成。根据茶叶发酵程度，可分为不发酵茶、部分发酵茶、完全发酵茶3种。从冲泡出来的茶色，可以发现不发酵茶的颜色偏黄，如绿茶；而发酵茶的颜色偏红，如红茶。茶叶在发酵的过程中，维生素和叶绿素流失的量比较多；不发酵的茶能保留较多的抗氧化物质（如儿茶素），所以一般将不发酵茶视为健康饮品，但儿茶素也是茶叶中苦涩味道的来源之一，所以绿茶通常喝起来会比红茶来得苦涩。

茶叶的发酵是由本身所含的酶催化而成，与其他微生物发酵食品不同。（摄影/张君豪）

单元7

腌渍食品

（腌甜椒镶泡菜，图片提供/GFDL）

传统的腌渍食品是利用盐或糖，使食物细胞中的水分渗透出来，让微生物不易繁殖，因而可以延长食物的保存期限。这种食品加工法历史悠久，也最容易自己动手制作。

盐藏法

盐藏法是利用高浓度的盐来抑制造成食物腐败的微生物，让食物的保存期限延长。主要的制作方法有两种：一种是直接用盐水浸泡，减少食物和空气的接触，并让盐分均匀渗透到食物里面，如腌渍鱼卵；另一种是把盐撒在食物上面，一层层堆叠起来，如腌鲑鱼、鲭鱼等，这种方法接触的空气较多，油脂容易变质而产生特殊气味。

用盐腌渍的鲱鱼是荷兰人最爱的食品，可以生吃，也可以搭配洋葱或做成沙拉食用。（图片提供/达志影像）

此外，有些霉菌的耐盐性较强，除了加入大量的盐之外，还必须加入一些酸性物质，以加强防腐效果，例如酸黄瓜和腌鲣鱼就是利用乳酸菌，把食物中的糖类转变成乳酸，才可以有效抑制微生物的生长。

在胡萝卜里填入盐巴，盐的浓度比较高，为了达到平衡，胡萝卜中的水分会往盐巴流去；这种“渗透”现象，会使食物及微生物细胞里的水分流失，让微生物无法生存，所以腌渍食品可以保存较久。（摄影/张君豪）

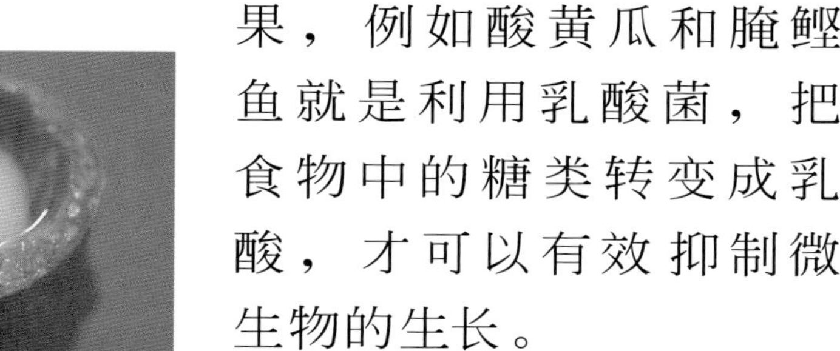

糖藏法

糖藏法是利用糖来处理食物，通常以水果类最常见，可以制成各种风味的果酱或蜜饯。水果含有丰富的果胶，在适量的酸和糖作用下，会形成凝胶现象，果酱和果冻就是利用这种特性做出来的。

果酱的做法比较简单，一般只要把等量的水果和糖一起熬煮，浓缩成胶状即可。至于蜜饯的做法有很多种，可以先用盐巴脱水，再加糖浸渍，也可以直接用糖熬煮。用糖熬煮的做法是将杀菁过的水果，浸泡在浓度30%的低糖溶液中，一边熬煮一边加糖，让糖慢慢地渗透进水果里面，浆汁也会越来越浓稠，最后取出水果，等糖汁滴干再洒上一层糖粉，即是糖衣蜜饯；若用热水迅速去除水果表面的糖汁，等干燥后，就成了好吃的水果干。

将橘子皮切丝，用糖浸渍、熬煮后，再洒上糖粉、烘干，就可以做出好吃的零食。（图片提供/达志影像）

用糖腌渍过的水果，经常被用来制作或搭配甜点。（图片提供/达志影像）

哪种容器适合腌渍食物

盛装腌渍食品的容器最好是玻璃瓶或陶罐，因为它们材质坚硬且不容易发生化学变化。若使用木桶，可能会有裂隙，或是受潮而滋长霉菌；铝、铁等金属容器则容易和酸或食物中的色素、酶起化学变化，导致食物变色、变质；塑胶容器则可能会溶出有毒物质。

陶瓷器皿的结构相当稳定，不易起化学变化，并且耐热、耐磨又耐酸碱，是腌制食品的最佳选择。（图片提供/达志影像）

干燥食品与冷冻食品

（葡萄干，图片提供/GFDL，摄影/Pawe l Ku'zniar）

现代人的饮食有许多“简便食品”，如即溶咖啡、方便面、冷冻水饺、微波食品等等，它们经先进的干燥或冷冻技术加工过，所以只要经过简单处理就能食用。

干燥加工

干燥和腌渍在保存食品上的原理一样，都是减少食品中可被微生物利用的水分，来达到防止腐败的效果。腌渍法可以增添食品风味，干燥法则保留了食品的原味。传统的干燥技术包括晒干、风干和油炸；现代则开发了高温干燥（如热风、喷雾、金属板加热）和低温干燥（如冷冻干燥）等先进技术。

高温干燥是常用的方法，但容易破坏食物的外观、结构和营养。冷冻干燥法则结合了干燥和冷冻技术，把食物冷冻后，放在真空状态下加热，使食物里的冰晶直接升华成水蒸气，从而脱去水分，达到干燥的效果。

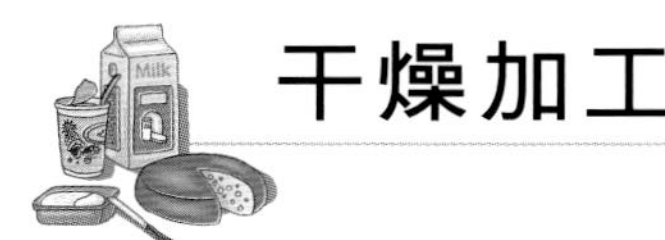

喷雾干燥法可使液态食品变成粉末状，原理如图所示：浓缩牛奶呈喷雾状，遇热空气时水分瞬间蒸发，形成干燥的奶粉。（插画/林文安）

柿子干是韩国人祭拜时必备的食品。将柿子剥皮后晒干，柿子中的糖类会在表面形成结晶，由于含糖量高，可以保存良久。（图片提供/达志影像）

干燥后的食品必须密封包装，避免因接触空气中的水分或氧气而变质，有些会在包装袋中加入干燥剂以延长保存期限。

冷冻加工

低温可以抑制微生物的活动、延缓酶反应，进而降低腐败速度。因此自20世纪30年代电冰箱发明以来，低温处理已是人们常用的食品保存法之一。食品的冻结温度大多低于-2℃，所以针对家用冰箱而言，-2℃～16℃的

鲔鱼捕获后，必须立即将容易造成鱼体腐败的鳃、内脏和鱼血除去，然后以-40℃的低温急速冷冻，才能有效保鲜。（图片提供/达志影像）

贮藏温度称为冷藏，-2℃以下的则称为冷冻；而商店贩卖的冷冻食品，必须储存在-18℃以下。

食物中的水分冻结后，会形成冰晶，破坏细胞组织。冰晶的大小与冷冻的速度有关，因此结冻时间越短，食品品质的破坏程度也越小。冷冻依降温速度的快慢，可分为急速冷冻和一般冷冻。通常工厂采用的是急速冷冻，让食品直接接触冷冻剂（液态氮或干冰），或放在低温金属夹板中，或以冷风吹拂等方式，尽量在短时间内达到冻结。

为了避免变质，冷冻食品必须使用不透水的密闭材质，而某些微生物的生命力很强，即使冷冻，也只能抑制生长，无法完全消灭，所以食品从制作、运输、贮存到解冻前，都要维持足够的低温，并避免受到污染。

如何选购冷冻食品

冷冻食品强调“全程保鲜”，意思就是从工厂出货后，必须用冷冻货柜或冷冻车运到贩卖的商家；商家必须提供合格的冷冻设备，即使打烊了，也不能把冷冻柜的电源拔掉。

在超市购买冷冻食品时，要注意冷冻柜上有没有温度计标示？冷冻柜是否保持清洁？食品包装是否完整没有破损？食品若是严重结霜或质地柔软，最好不要购买。此外，最好选购有优良食品标志（如CAS）的冷冻食品。

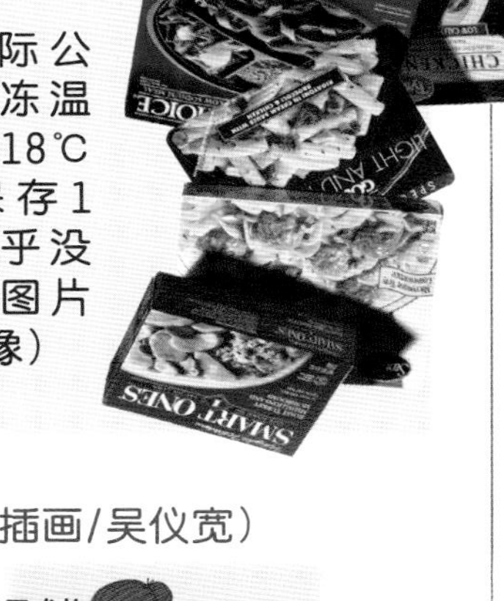

-18℃是国际公认的最佳冷冻温度，食品在-18℃的温度下保存1年，品质几乎没有改变。（图片提供/达志影像）

冷冻食品必须经过煮熟、预冷、急速冷冻、称重、包装等手续，才可上市。（插画/吴仪宽）

（婴儿食品罐头，摄影/钟惠萍）

单元9

罐头制造与食品包装

想要延长保存期限，除了从食品本身进行加工外，还可以利用各种密封的容器或包装，将食品与外界环境隔绝，减少与环境接触而发生的变化，以及防止微生物污染所造成的腐败。

罐头的制造

1809年，法国人阿佩尔将食物放在玻璃瓶里，置于热水中煮沸后，再塞紧软木塞，成功制造出世界上第一个玻璃瓶罐头。此后，罐头在容器的材质和制作过程上不断进行改良，为食物的保存带来重大贡献。

现代制造罐头的步骤为：原料→调理→装罐→脱气→密封→杀菌→冷却→成品。其中脱气、密封和杀菌，是最重要的3个步骤，对罐头的品质和安全性影响重大。脱气是将罐中食物内的气体及罐内空气除去，以抑制微生物的生长、防止罐内食物氧化变质，并且避免在加热杀菌时发生爆炸。密封是避免食品接触外界的空气，但有些微生物喜欢缺氧的环境（如肉毒杆菌），脱气和密封反而提供了它们温床，所以必须再次灭菌。

酒厂正将威士忌注入瓶中，充填之后，还必须将瓶中空气抽出，以免混入醋酸菌，将酒精分解成醋酸。（图片提供/达志影像）

18世纪末，法国皇帝拿破仑发动对外侵略战争，由于军粮在长途运输中大多腐败变质，于是悬赏12,000法郎，征求保存食品的方法。法国商人阿佩尔将食物放入广口玻璃瓶中，轻轻塞上软木塞，置于水中加热，水沸后熄火，再将软木塞压紧，结果瓶中食品竟可放置两个月不坏，成功发明了罐藏法。（插画/刘俊男）

泡面的包装材质以塑料和纸碗居多，纸碗内面贴有塑胶膜，耐热性和耐油性较佳，对健康的威胁比较小。（摄影/巫红霏）

各式各样的食品包装

食品包装的目的，除了方便运送，主要是为了确保食品在贮存、运输、贩卖等过程中，不会受到污染和腐坏。

包装容器的材质有很多种，以玻璃、纸类、塑胶和金属（如铁、铝）为主；而为了满足使用需求，还发展出不少复合的材质，如不会造成环境负担的生物性可分解包装，或是强调可微波加热的容器。

除了利用密封包装来减缓食品变质外，还可以在包装里放入脱氧剂、干燥剂、防腐剂、抗氧化剂，或是直接灌入氮气、二氧化碳取代空气，以降低氧气的作用。

食品包装中放置脱氧剂，可以防止食品氧化、变质。图中的脱氧剂有显示功能，当颜色从粉红变成蓝紫，表示已与氧气接触，必须尽快食用。（摄影/张君豪）

左图：铝箔调理包又称软式罐头，使用不透气、不透光的铝箔塑胶复合材质，经过高温高压杀菌处理，因此可以在常温下长期保存。（摄影/张君豪）

无菌充填包装

市面上常见的铝箔包饮料，能在常温下长期保存，必须归功于无菌充填技术的发明。这种技术经常用在保久乳、果汁和茶类饮料上。它的制作方式是：将饮品杀菌之后，充填到预先消毒过的无菌包装材料中，所有过程都必须在无菌状态下进行。

除了制作过程的讲究外，使用的包装材料也很特殊。第一个发明出的无菌充填包装是牛奶纸盒；铝箔包则是由聚乙烯（塑胶类）、铝箔、纸类组成的复合纸材质，共有6层紧密叠合，可以有效隔绝氧气、光线和微生物污染，因此不需要添加防腐剂，就可在常温下长时间保存。常见的无菌纸包装品牌有利乐包、康美包等，形状也很多样化（如砖型、冠型）。

❶聚乙烯：保护、密封饮料食品
❷聚乙烯：黏合前后层
❸铝箔：阻隔外部氧气、光线及防止食品味道流失
❹聚乙烯：黏合前后层
❺纸板：稳固及强化包装材料的强度及韧度
❻聚乙烯：阻隔外部湿气及微生物等污染。

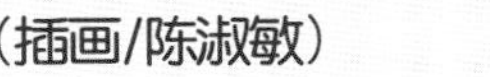

（插画/陈淑敏）

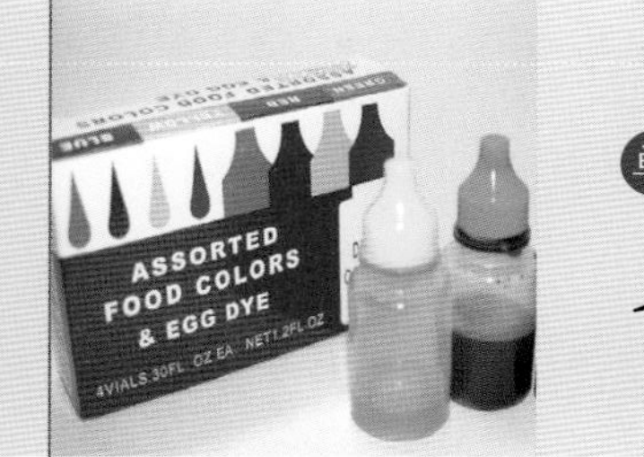

(食用色素，摄影/张君豪)

单元10

食品添加物

在食品的加工过程中，为了调味、着色、防腐等不同目的所添加的各种物质，通称为“食品添加物”。我们每天都可能吃进十几种食品添加物，因此认识它们是必要的。

味精的化学名称是谷氨酸钠，是1908年日本人池田菊苗发明的，具有鲜味，但食用过多会造成人体负担。（摄影/简瑞龙）

食品添加物的来源

根据来源，可将食品添加物分为天然的和化学合成的。天然的食品添加物取材于天然的动植物或矿物中，例如传统豆腐中所添加的盐卤，就是从海水中得来的。化学合成的食品添加物则是用化学方法合成出来的，例如人工色素和人工香料，可以仿造出草莓、葡萄，甚至是鸡肉、排骨的颜色和味道。

不论是天然的还是化学合成的添加物，都必须确定它对人体无害。近年来，某些化学合成的添加物被证实对人体有害，因此一些食品从业者又改用传统的、天然的添加物来制作食品。不过，即便是盐、糖等天然物质，如果食用过量，也会影响健康。

食品添加物的种类

目前全世界常用的食品添加物多达1,000种以上，根据用途可以分为：延长保存期限的防腐剂、杀菌剂、抗氧化剂；让颜色更加美观的漂白剂、保色剂、着色剂；增加味道与口感的香料、调味剂、膨胀剂、黏稠剂、乳化剂、结着剂、品质改良剂；加工过程所需要的酸、碱溶剂；以及近年来流行的营养添加剂等。

各国对食品添加物的用途和使用量都有严格规范，通常以ppm（即百万分之一）为单位来

削好的水果容易因氧化而变褐色，店家为了卖相，有时会添加过量甚至是非法的漂白剂，使水果维持原有色彩。（摄影/钟惠萍）

天然的香料是历史悠久的食品添加剂，世界各民族都有各自爱用的香料，图为摩洛哥市场贩卖的各式各样的香料。（图片提供/GFDL）

订定安全标准值。有些添加物只能出现在加工过程中，不能残留在食品内，例如用来漂白、杀菌的过氧化氢（双氧水），由于沸点高达150℃，直到食物煮熟都还无法完全去除，因此不能存留在食品内。

即使是合法的食品添加物，食用时还是要小心。目前规定的合法使用量并没有区分年龄，同样的剂量对成人也许合宜，对儿童却未必适当。

天然的着色剂

在人工色素发明以前，人们早已取材各种天然物质，来为食品增添色彩。直到今天，许多食品仍是采用此法，例如用红花染蛋、用红曲制造出红色的肉，或是在制作面条、面包、水饺皮、饼干等食品时，加入一些墨鱼的墨汁、胡萝卜汁、紫色山药汁或抹茶等。这些天然色素不仅让食品的色彩增添变化，还能赋予特殊的风味。

乌黑的墨鱼面包，就是加了墨鱼墨汁染色。（摄影/张君豪）

加工食品几乎都会使用一种或数种以上的食品添加物，下图将食品添加物按用途分类，并各举一例作代表。（插画/吴仪宽）

增加食品保存期限
④：防腐剂
⑦：杀菌剂
⑫：抗氧化剂

让颜色美观
⑤：漂白剂
⑧：保色剂
⑯：着色剂

增加营养
①：营养添加剂

加工过程所需（不得残留于食品中）
②：淬取用溶剂
⑮：去皮用药剂

增加味道与口感
③：黏稠剂
⑥：膨胀剂
⑨：结着剂
⑩：品质改良剂
⑪：乳化剂
⑬：调味剂
⑭：香料

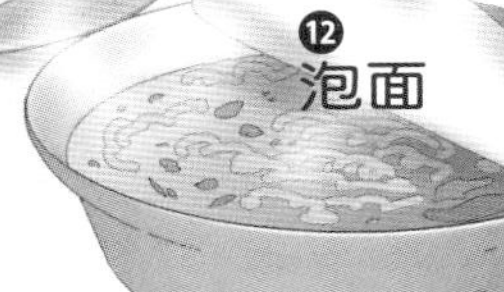

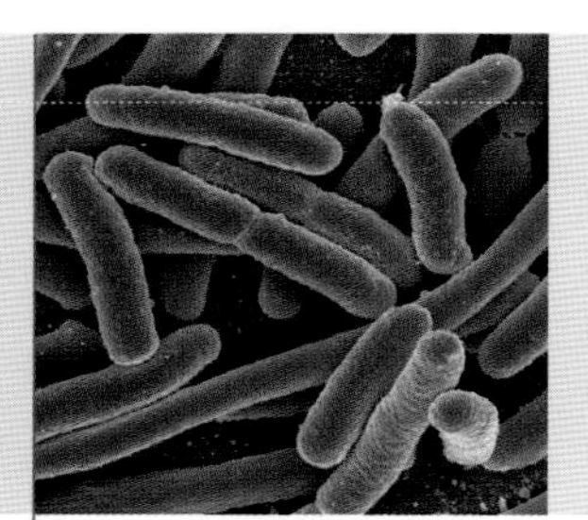

单元11

食品卫生与安全

（大肠杆菌，图片提供/维基百科）

食品从原料取得、加工制造，直到运输贮存等，每个步骤是否符合卫生，都可能影响到食用者的安全。食品卫生的主要问题，是去除或预防食物中的毒素和致病的微生物污染。

原料的污染

有些动物、植物本身就含有天然毒素，例如河豚体内的河豚毒素可以致命，马铃薯芽中的茄碱会造成中毒。

有些毒素则是由外引入，包括：饲料的污染，例如疯牛病源自于被污染的肉骨粉饲料；疾病的感染，例如猪的口蹄疫和鸡的禽流感；药物的残留或过量，例如给予动物过量的激素和抗生素。

多数河豚含有神经毒素，若处理不当就食用，会引起手脚麻痹、吞咽困难等中毒反应，严重时还会死亡。（图片提供/GFDL，摄影/Chris_73）

另外，有些毒素来自于环境污染，例如工业废料和废水造成土壤和海洋的污染，使动物、植物或水产生物残留重金属（如镉米、绿牡蛎）。严重的

1999年，比利时的农畜用饲料遭到二噁英污染，大批吃进毒饲料的鸡被下令扑杀、焚毁。（图片提供/达志影像）

韩国研究员正针对美国牛肉进行疯牛病的生化检测。（图片提供/达志影像）

污染甚至会危害整个地球，例如1986年前苏联的车诺比核电厂爆炸，辐射尘扩散全球，污染无数的农产品和畜产品。

加工制造及运输贮存的污染

在食品制造过程中，厂房必须保持清洁，维持适当的温度、湿度；加工器械也要定期维护、清洗；而工作人员平时必须进行卫生教育，操作时也要注意服装和个人清洁。从洗涤、调理、制罐、杀菌到包装等，每个步骤都要避免微生物或有毒物质的污染。1968年的日本和1979的台湾都曾发生过毒油事件，就是因为制油时所使用的热媒“多氯联苯”，从加热管线渗透到了米糠油中，才导致食用者中毒。

食品制成后，运输和贮存的过程也不能掉以轻心。例如运输过程没有适当保温、贮藏时间过久或仓库湿热不通风等，都可能使食物腐败，甚至产生毒素。

1999年在法国，罐装可口可乐因为外包装被污染，引发中毒事件而一度遭当局禁售。图为法国禁售令解除后，可口可乐贩卖机上张贴的贩卖许可说明。（图片提供/达志影像）

食品官能品评

食品的营养价值与安全性可以通过科学方法检验与把关，但食品好不好吃的问题，最终还是要由人决定。用人的视觉、嗅觉、味觉、听觉和触觉，来测量和分析食品的性质，就是专业品评员的工作。所有感官能够感受的细节，都可以作为品质品评试验的项目，例如食品看起来的大小、闻起来的气味、咀嚼时候的颗粒感。

茶叶品评师正在进行茶叶外形、茶叶色泽、茶汤颜色、茶汤气味和滋味的官能品评。（图片提供/达志影像）

进行品评时，要注意食品的准备、使用的器具和提供不受干扰的环境，例如测番茄酱时可搭配薯条；温度要控制在一般食用温度；盛装的容器通常用白色瓷器或无色塑胶杯盘。食用顺序和方式也有规定，例如含在口中几秒再吞下去，才能填写品评问卷。另外，要准备一杯水，让品评员在食用每个测试食品之间漱口，以免影响测试结果。

单元12

转基因食品

（有转基因成分的豆腐，摄影/张君豪）

将基因改造技术应用在农业上，可以培育出抗虫、抗药、抗病毒或是耐低温等不同功能特性的转基因作物。但控制这些转基因作物的突变基因，存在着许多不确定性，因此使用这种作物为原料所制成的转基因食品，安全性也受到了广泛的质疑。

转基因食品的规模

利用基因工程技术所生产的动物、植物，称为“转基因生物”（GMO）；而使用GMO为原料所制成的食品，称为“转基因食品”（GMF），是食品科技和精密生物科技的结合。

1994年，美国推出世界上第一种转基因生物——耐擦撞的转基因番茄。此后，转基因科技推陈出新，例如将细菌的毒蛋白基因转殖到作物上，可以产生免用农药的抗虫害作物。

一群示威民众在意大利一家食品工厂前，抗议该公司生产的洋芋片含有转基因成分，却又没有按规定在食品包装上注明。（图片提供/达志影像）

强调由非转基因玉米为原料的玉米点心。（摄影/张君豪）

根据估计，2005年全球转基因作物的种植面积高达9,000万公顷。目前市面上的转基因食品，大多是以美国的转基因玉米、大豆和马铃薯为原料所制成。我们日常所吃的豆浆、薯片和爆米花等，都可能是转基因作物制成的。

转基因食品的争议

目前人们对基因改造科技的争论仍持续上演着，赞成者认为它可以

1998年，第一条在食品标签上注明含有转基因成分的巧克力条在德国慕尼黑上市。（图片提供/达志影像）

采用转基因作物的食品，按法律规定，必须在食品标志上清楚注明。（摄影/钟惠萍）

生产出人们所需要的"梦幻品种"；反对者则认为它破坏了自然界的生态，而且可能通过转基因作物产生毒素或过敏原，威胁人体健康。

目前世界各国对转基因食品的态度，大致可分为赞同派（如美国）和质疑派（如日本及欧盟）；但不论赞同与否，都一致同意转基因食品必须做好规范。这些规范包括评估转基因作物的毒性、过敏诱发性、安全性和营养性等，通过评估的才可以上市；而且在食品包装上必须诚实标记有无转基因成分，让消费者自行决定要不要购买。

巴西反对转基因的民众在超市的罐头上张贴警示标语："罐里含有转基因成分。小心！"（图片提供/达志影像）

转基因食品的"履历表"

由于转基因食品存在着未知的风险，欧盟各国对此采取谨慎的态度，不但规定食品要经过安全评估、做好包装标记才能上市，而且从原料到成品，都必须清楚交代转基因成分的来源，让消费者知道他们吃的是什么东西（如番茄里面可能含有北极鱼类的基因）。这种"食品履历表"的好处是：一旦发生问题，可以迅速追查来源、找出起因，以降低危害。

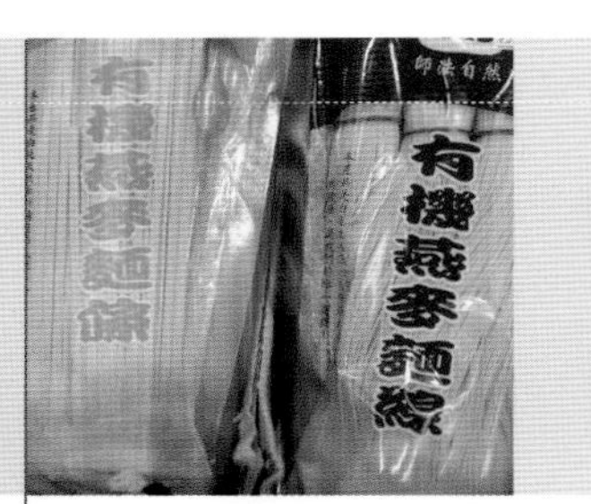

单元13

有机食品

（有机面线，摄影/张君豪，拍摄地点/棉花田生机园地）

琳琅满目的食品和人体健康以及生态环境之间存在着什么关系呢？有机食品不只是一个时髦的名词，它提醒人们在发展科技的同时，还要思考如何与大自然和平共存，以及维护自身的健康。

有机食品的起源

早在1924年就有德国学者倡导有机农耕，但一直到第二次世界大战之后，人类才开始警觉到化学农药（如DDT）和化学肥料的滥用，不但造成环境污染，也经由各种食品危害人体的健康，于是各国开始推动有机农业和有机食品的规范。

有机食品必须符合两大原则：①所采用的食品原料不能是基因工程生物，而且在生产过程中，不可使用任何化学肥料、农药、生长调节剂和饲料添加剂；②在食品加工过程中，不使用任何化学添加物或基因工程产物。有机食品的提倡，主要是为了减少食品中有毒化学物质的含量，并降低食物制造过程对环境所造成的污染。

有机米不仅必须栽培于土壤及水源未受污染的环境，连干燥、贮存、碾制及包装等过程都必须与一般稻米分开进行。（摄影/张君豪）

有机农作物不使用农药，而是采用黑糖酶液作为植物的营养剂，可浇在土壤中，提供植物养分。（图片提供/廖泰基工作室）

有机食品的认证

有机食品由于讲究天然，因此相对必须承担比较高的生产风险（例如虫害），使得成本高、售价也较贵，有些不法商人便以一般食品冒充有

右图：蔓越莓可以预防泌尿道感染。有机蔓越莓强调来自无污染的生产环境，提供更完整的营养。（摄影/张君豪，拍摄地点/棉花田生机园地）

有机食品除了采用有机原料之外，更强调不添加人工甘味剂和防腐剂。（摄影/张君豪，拍摄地点/棉花田生机园地）

机食品图利。因此，世界最重要的有机农业组织“国际有机农业运动联盟”（IFOAM），制定出了一套通行全球的认证标准，各国也纷纷参考此标准，制定各种有机食品的验证制度和标志，让消费者可以辨识。

由于有机食品符合健康、环保标准，在世界市场上极具竞争力，很多地区都把发展独特的有机食品列为目标，例如中南美洲的咖啡农，有许多都已经转型生产有机咖啡。

化学农药对环境及人类的危害深远，可能造成畸形儿、不孕和致癌等。图为2000年绿色和平组织在约翰内斯堡展示受化学农药伤害的孩童照片。（图片提供/达志影像）

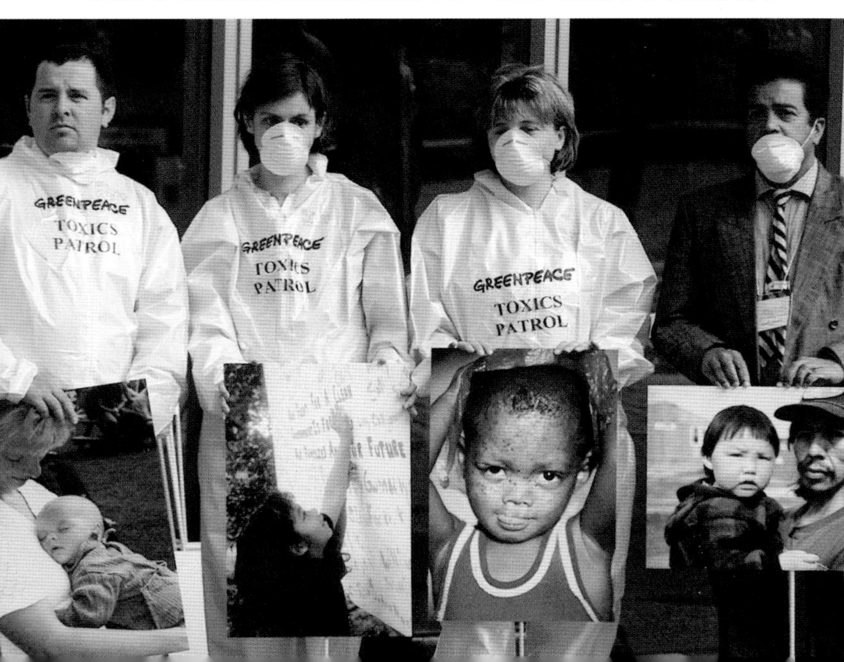

生机饮食与有机食品

生机饮食是一种以清淡自然、低糖、低盐、低油为原则的饮食观念，主张尽量食用不含化学添加物、没有精致加工、甚至不经烹煮的新鲜天然食品，例如糙米饭、全麦制品、新鲜芽菜等。目的是希望能避免食品在烹调、加工的过程中，损失过多的营养素、矿物质，也减少现代人摄取过多的油脂和化学毒物。由于大部分的有机食品都符合这些原则，因此普遍作为生机饮食的材料来源。

搭配多种生鲜蔬果、五谷杂粮和蔬菜高汤所制成的精力汤。（图片提供/棉花田生机园地）

健康食品与特殊营养食品

（人参、人参粉及胶囊）

食品提供人体正常活动的能量，药品则用来治疗疾病。一般所说的“健康食品”、“特殊营养食品”则介于这两者之间，是对人体有保健功效或符合人体特殊营养需求的食品。

冬虫夏草含有甘露醇和多种氨基酸、维生素，可以促进人体新陈代谢，因此被用来制造健康食品。

健康食品

健康食品常被制成方便食用的形态（如锭状、胶囊状、浓缩口服液），但它不是药品，不具治疗或矫正疾病的医疗功能。为了避免和药品混淆，许多国家对健康食品都有严格规定，必须经过检验、核准才能上市，而且在广告及产品标志上，只能标记营养效益，不能出现任何涉及疗效（如解肝毒）的字样。

合法的健康食品必须经过科学检验，证明确实具备特定的保健功效。在美国，这类食品称为“膳食补充品”，在日本则称为“特定保健用食品”。保健功效的范围很广，例如，调节血脂（如可降低血中总胆固醇的甲壳素）、调整肠胃（如可增加肠内益生菌的乳酸饮料）、调整免疫机能（如可提升免疫力的乳浆蛋白）、牙齿保健（如可减少牙菌斑的木糖醇口香糖）、调节血糖（如含

椰子油富含中链脂肪酸，在东南亚地区被视为保健食品，人们相信有助于对抗病毒和细菌。图为菲律宾工厂的工人正为椰子油贴上标签。（图片提供/达志影像）

有微量元素“铬”的特殊奶粉）、保护肝脏（如灵芝所含的多糖体）、缓解疲劳（如可加速体能恢复的冬虫夏草）等。

左图：为日本特定保健用食品的许可标章。（图片提供/维基百科）

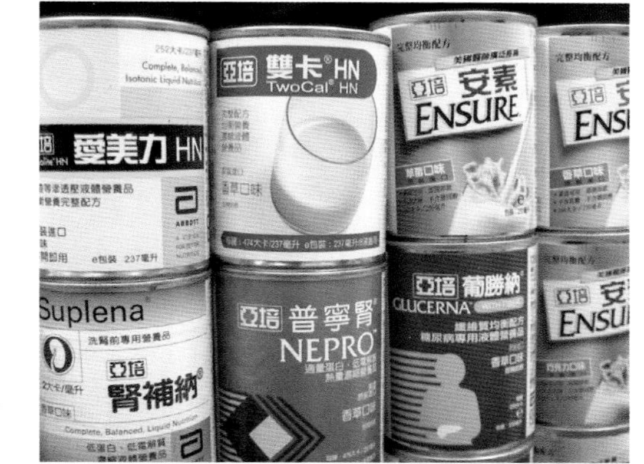

各种针对不同疾病患者所设计出来的特殊营养食品。（摄影/钟惠萍）

特殊营养食品

特殊营养食品是基于特定人士的营养需求，而去调整食品中的营养成分和含量，所以一般人并不需要食用。

这类食品主要有两大类。一类是专门给婴儿食用的，包括给1岁以下婴儿食用的配方奶粉，以及6个月以上至12个月较大婴儿的配方辅助奶粉，这些奶粉的配方都设计成与母乳的营养比例接近，能够满足婴儿成长的特殊需要。另一类是专门提供给病人食用的，例如糖尿病患者的低糖食品、高血压病患者的低钠食品、肾脏病患者的低蛋白食品、肥胖症患者的减重食品，或是特殊疾病患者所需要的特殊成分食品等。选购这类食品之前，最好能听取医生及合格营养师的建议，才能让患者获得适当的能量又不会造成身体的负担。

维生素是食品还是药品

含有维生素或矿物质的胶囊或锭粒，一般通称为“维生素”。维生素在美国属于食品，在我国台湾则根据含量多少，分处方药、指示药及食品三级。如果一颗维生素含有的维生素、矿物质含量，不超过每日的限制用量，可以当成食品贩卖；但使用说明书上必须标清每日使用量，而且不能宣称药效。事实上，维生素和矿物质的摄取必须适当，过与不及都会影响健康。

适量的摄取维生素有助于维持健康，但不可过量食用。（摄影/张君豪）

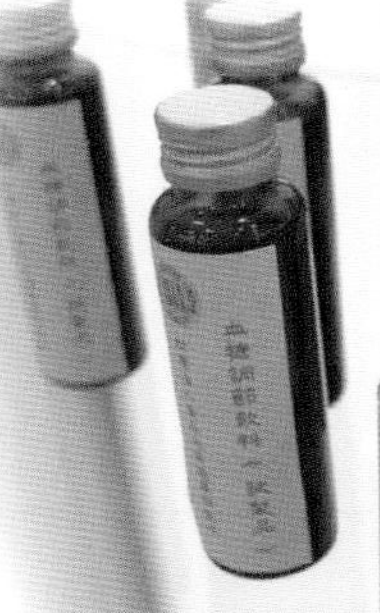

图为台湾的“食品工业发展研究所”正在研发阶段的血糖调节饮料（试制品）。（摄影/张君豪）

英语关键词

食品科技 food science and technology

食品加工 food processing

食品安全 food safety

食品卫生 food sanitation

谷类 cereal

米 rice

糙米 brown rice

小麦 wheat

面粉 flour

方便面 instant noodles

豆类 beans

大豆 soybean

豆腐 tofu

素肉 imitation meat

香肠 sausage

鱼浆 minced fish meat

乳品 milk

鲜乳 fresh milk

保久乳 long-lived milk

炼乳 condensed milk

发酵乳 yogurt

奶酪；干酪 cheese

蜜饯水果 candied fruit

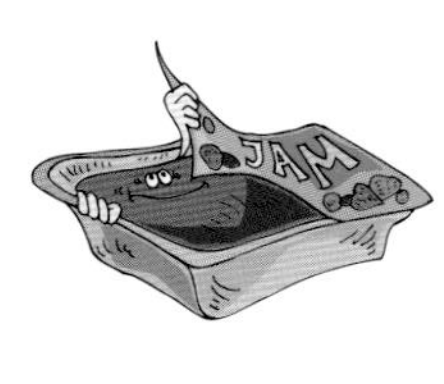

果酱 jam

果冻 jelly

调味料 seasoning

酱油 soy sauce

醋 vinegar

饮料 beverage

葡萄酒 wine

乳制品 dairy product

干燥食品 dried food

冷冻食品 frozen food

腌渍食品 pickled food

发酵食品 fermented food

罐头食品 canned food

有机食品 organic food

健康食品 health food

特殊营养食品 special dietary food

转基因食品 GMF / genetically modified food

盐藏 salting

糖藏 sugaring

冷冻 freezing

冷藏 refrigeration

干燥 drying

冷冻干燥法 freeze drying

喷雾干燥法 spray drying

烟熏 smoking

熟成 aging

杀菌 sterilization

均质 homogenization

脱气 deaeration

发酵 fermentation

充填 filling

杀菁 blanching

包装 packaging

无菌包装 aseptic packaging

超高温瞬间杀菌 UHT sterilization/ultra high temperature sterilization

食品添加物 food additives

防腐剂 antiseptic

微生物 microorganism

霉菌 mold

酵母菌 yeast

细菌 bacteria

酶 enzyme

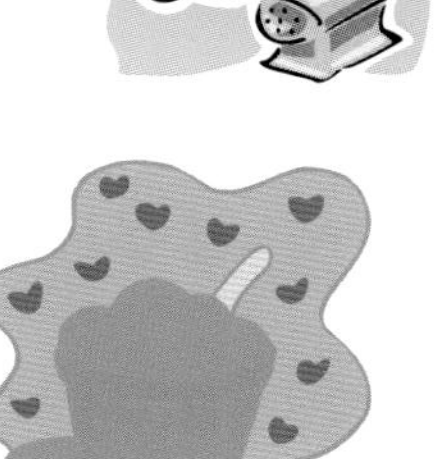

新视野学习单

1 下面哪些关于食品加工的叙述是正确的?

( ) 经过加工的食品可以永久保存。
( ) 食品容易受到微生物污染或者氧化作用而变质。
( ) 发酵食品不会改变食物的风味。
( ) 处理食物的初级步骤是清洁、挑选、分级。
( ) 方便面是亚洲人发明的加工食品。

（答案在06—07页）

2 连连看，哪些食品的加工材料主要是哪一类呢?

米浆·		·馒头
汤圆·	·谷类·	·素肉
味噌·		·豆花
酱油·	·豆类·	·粄条

（答案在08—09页）

3 有关肉类和水产类食品的叙述，下面哪些是正确的?

( ) 肉类和水产品含有较多的油脂和蛋白质，所以容易腐败。
( ) 肉类经过熟成后，会因酶的作用而变得柔软且更有味道。
( ) 以20℃的定温冷藏，可使肉品维持最佳状态。
( ) 为了延长香肠的保存期限，通常会加入亚硝酸盐。
( ) 鱼丸、甜不辣都属于鱼浆炼制品。

（答案在10—11页）

4 关于牛乳和蔬菜的加工，哪些是正确的?

( ) 鲜乳和保久乳都不能含有任何生菌存在。
( ) 有些乳牛生产的牛乳本来就不含油脂，是脱脂乳的来源。
( ) 奶酪是利用细菌或霉菌加工制成的乳制品。
( ) 为了避免变色，蔬果加工通常使用珐琅或不锈钢器具。
( ) 通常水果罐头浸泡的是盐水，蔬菜罐头则是用糖水。

（答案在12—15页））

5 关于腌渍或发酵食品的叙述，下面哪些是正确的?

( ) 酱油的发酵是使用曲菌当菌种。
( ) 烈酒通常是蒸馏酒，如高粱酒、白兰地等。
( ) 果酱是使用高浓度的糖腌渍而成的食品。
( ) 红茶和绿茶都属于发酵食品。
( ) 腌渍食品最好用玻璃或陶器盛装，以免容器产生化学变化。

（答案在16—19页）

6 以下关于食品保存技术的叙述，哪些是正确的?

( ) 干燥后的食品很容易受潮而变质，所以要密封包装妥当。

( ) 食品冻结的速度越慢，食品品质的破坏程度也越小。

( ) 冷冻干燥可以保留食物比较完整的营养、形状和味道。

( ) 世界上第一个罐头是马口铁罐头。

( ) 在包装里灌入氮气或二氧化碳，可以避免食品氧化。

（答案在20—23页）

7 连连看，请你根据用途将下面这几种食品添加物分类。

防腐剂·	·增加味道与口感·	·抗氧化剂
保色剂·		·杀菌剂
漂白剂·	·延长保存期限·	·黏稠剂
调味剂·		·乳化剂
香料·	·让颜色美观·	·品质改良剂

（答案在24—25页）

8 关于食品的污染和品质维护，下面哪些叙述正确?

( ) 食品工厂的设备和工作人员，都与食品的卫生安全有关系。

( ) 对动物注射过量的抗生素可能会造成加工食品的污染。

( ) 疯牛病和禽流感都是因为饲料受到荷尔蒙污染而引发的。

( ) 台湾的米糠油中毒事件，是因为食品加工过程受到污染。

( ) 辐射尘只会污染农作物，而不会危害动物性食品原料。

（答案在26—27页）

9 关于有机食品和转基因食品，下面叙述哪些是正确的?

( ) 有机食品不可以使用转基因作物为原料或添加物。

( ) 有机食品可以减少环境的污染。

( ) 化学农药和肥料的滥用，迫使人们开始重视有机农耕。

( ) 世界上第一种基因改造生物是多利羊。

( ) 转基因食品并不会诱发人们的过敏症状。

（答案在28—31页）

10 关于健康食品与特殊营养食品的叙述，下列哪些正确?

( ) 健康食品和药品效果一样，只是药品做成胶囊或锭状，健康食品则是以食物的样子呈现。

( ) 购买健康食品之前，要先确认有没有合格的认证标志。

( ) 特殊营养食品主要分为给婴儿食用和给病人食用两大类。

( ) 维生素不论剂量的多少，都需要医师处方。

( ) 具有保健功效的食品必须通过政府认证，才称为健康食品。

（答案在32—33页）

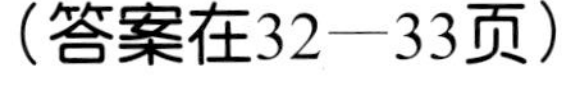

我想知道……

这里有30个有意思的问题，请你沿着格子前进，找出答案，你将会有意想不到的惊喜哦！

开始！

太棒赢得金牌

颁发洲金

太厉害了，非洲金牌也是你的！

豆沙吃
觉得沙
P.09

“素肉”的主要原料是什么?
P.09

盒装豆腐和传统豆腐有什么不一样?
P.09

不错哦，你已前进5格。送你一块亚洲金牌！

甜不辣的主要原料是什么?
P.11

软式罐头指的是哪一种食品包装?
P.23

罐头的发明和拿破仑有什么关系?
P.22

了，
美洲
。

保久乳为什么不需要冷藏?
P.12

食品包装里的脱氧剂有什么功用?
P.23

太好了！
你是不是觉得：
Open a Book！
Open the World！

为什么低温杀菌法又叫做“巴氏灭菌法”?
P.13

黑色面包是用什么染色?
P.25

为什么可口可乐一度在法国被禁售?
P.27

大洋
牌。

为什么有的奶酪吃起来特别咸?
P.13

冷冻炸薯条是怎么削出来的?
P.14

获得欧洲金牌一枚，请继续加油！

罐头里的浸泡液有什么功用?
P.15

适合做成
P.15

图书在版编目（CIP）数据

食品科技：大字版 / 何欣憓撰文. —北京：中国盲文出版社，2014. 8

（新视野学习百科；54）

ISBN 978-7-5002-5285-6

Ⅰ. ①食… Ⅱ. ①何… Ⅲ. ①食品科学—青少年读物

Ⅳ. ①TS201-49

中国版本图书馆 CIP 数据核字（2014）第 180820 号

原出版者：暢談國際文化事業股份有限公司

著作权合同登记号 图字：01-2014-2083 号

食品科技

撰　　文：何欣憓
审　　订：卢　训
责任编辑：亢　淼
出版发行：中国盲文出版社
社　　址：北京市西城区太平街甲 6 号
邮政编码：100050
印　　刷：北京盛通印刷股份有限公司
经　　销：新华书店
开　　本：889×1194　1/16
字　　数：33 千字
印　　张：2.5
版　　次：2014 年 12 月第 1 版　2014 年 12 月第 1 次印刷
书　　号：ISBN 978-7-5002-5285-6 / TS · 109
定　　价：16.00 元
销售热线：（010）83190288 83190292

绿色印刷　保护环境　爱护健康

亲爱的读者朋友：

本书已入选“北京市绿色印刷工程—优秀出版物绿色印刷示范项目”。它采用绿色印刷标准印制，在封底印有“绿色印刷产品”标志。

按照国家环境标准（HJ2503-2011）《环境标志产品技术要求 印刷 第一部分：平版印刷》，本书选用环保型纸张、油墨、胶水等原辅材料，生产过程注重节能减排，印刷产品符合人体健康要求。

选择绿色印刷图书，畅享环保健康阅读！

北京市绿色印刷工程